实验里的为什么的N个

写组◎编著

朝華出版社
BLOSSOM PRESS

图书在版编目（CIP）数据

实验里的 N 个为什么 / 优可编写组编著. -- 北京：
朝华出版社，2022.3
ISBN 978-7-5054-4869-8

Ⅰ. ①实… Ⅱ. ①优… Ⅲ. ①科学实验－少儿读物
Ⅳ. ①N33-49

中国版本图书馆 CIP 数据核字(2021)第 259307 号

实验里的 N 个为什么

作　　者 优可编写组

责任编辑 王　丹
责任印制 陆竞赢　崔　航
装帧设计 柳伟毅

出版发行 朝华出版社
社　　址 北京市西城区百万庄大街 24 号　　**邮政编码**　100037
订购电话 （010）68996050　68996522
传　　真 （010）88415258（发行部）
联系版权 zhbq@cipg.org.cn
网　　址 http://zhcb.cipg.org.cn
印　　刷 三河市祥达印刷包装有限公司
经　　销 全国新华书店
开　　本 880mm×1230mm　1/32　　　　**字　　数**　112 千字
印　　张 5
版　　次 2022 年 3 月第 1 版　2022 年 3 月第 1 次印刷
装　　别 平
书　　号 ISBN 978-7-5054-4869-8
定　　价 29.80 元

主角介绍

◎ **爱提问的兰兰**

　　兰兰是一个爱学习的小学生，她在生活和学习中善于发现问题，经常积极提问，不断去探究问题的答案。

◎ **博学的爷爷**

　　兰兰的爷爷是一位退休的大学教授，学识渊博，能用简单的方式把一个很复杂的问题讲得又清楚又有趣。

　　快来跟随我们的两位主角动手做一下这些小实验吧！

目 录

化学实验

生物实验

物理实验

01 塑料袋为什么会飘起来？

兰兰收拾厨房的时候发现几个空塑料袋，她刚想扔进垃圾桶，被爷爷看到了，爷爷阻止了她："这些空塑料袋还可以再利用呢，我们可以用它当垃圾袋，不可以这么浪费！我们还可以用塑料袋做个有趣的小实验。"兰兰一听做实验，立马兴奋起来，让爷爷赶紧教她。

爷爷让兰兰拿来吹风机，并插上电源。爷爷把塑料袋倒过来，打开吹风机的热风开关，往塑料袋里吹热风。吹了几秒钟，爷爷就把吹风机关了并拿开，爷爷松开塑料袋，塑料袋竟然自己飘了起来。

提问小课堂

兰兰 爷爷，为什么用吹风机的热风吹了塑料袋，塑料袋就能飘起来啊？

爷爷 因为热气比较轻，它是上升的，当空气受热并且上升时，塑料袋受到热气推动，就飘起来了。你可以打开咱们平时用的取暖器，看看能不能感受到它散发的热气往上升。还有热气球能够飞到天上，也是这个原理。

02

为什么会喷射出远近不同的喷泉?

兰兰跟爷爷在公园里玩耍,看见公园里的喷泉很漂亮。兰兰发现播放的音乐不同,喷泉喷出的水的形状也不一样。爷爷对兰兰说:"兰兰,等我们回家后,爷爷也给你做一个喷泉怎么样?"兰兰高兴地说:"好呀!"

回到家后，爷爷找来一个大的塑料瓶子，然后往瓶子里装满了水，他又找来一根针，告诉兰兰："爷爷要在这个瓶子上扎两个孔，一个孔在瓶子的上方，一个孔在瓶子靠下的地方。你猜哪个孔喷水喷得远一些？"兰兰回答："肯定是上边的那个孔喷水喷得远些。"

爷爷先在瓶子的上方扎了一个孔，水立即喷了出来，然后他又在下方扎了一个孔，兰兰发现下面的那个孔把水喷得更远些，这令她很不解。

·提问小课堂·

兰兰 爷爷，为什么塑料瓶里的水会喷射出远近不同的喷泉呀？

爷爷 这跟水的压强有关系。水的压强由水的深度决定，水越深，水的压强就越大。越靠近瓶底，水越深，所以靠近瓶子底部的那个孔喷出的水就比上面的孔喷出的水远些。

03 为什么水不再流出来？

周末，兰兰和爷爷一起收拾家里的废旧塑料瓶。爷爷看兰兰收拾得无精打采，便说："爷爷用塑料瓶给你做一个魔术实验，想不想看？"兰兰一听是魔术，瞬间提起了兴致。

爷爷拿出一个饮料瓶，然后用锥子在瓶身扎了一个小孔，再把水灌入饮料瓶中，一开始水从

饮料瓶的小孔中流出来，然而等爷爷拧上瓶盖之后，水就不再流出来了。

·提问小课堂·

兰兰 爷爷，为什么您把瓶盖拧上之后，水就不再流出来了呢?

爷爷 因为拧上瓶盖之后，就没有空气从上面进入饮料瓶了。上面进入的空气就相当于一个推力，没有空气的推动，而饮料瓶外的空气又在小孔处压着，所以水就流不出来了；打开瓶盖，空气又会从上面进入饮料瓶中，这时候进入的空气推动着瓶里的水冲破小孔处压着的空气，水自然就从小孔处流出来了。

你也试着做一做这个小实验，并记录下你的实验结果吧!

04

什么是静电？

一天早晨，兰兰在梳头的时候，塑料梳子和头发不停地亲密接触，突然耳边响起了噼啪的响声。一开始兰兰没有太在意，但后来那声音不断地发出，兰兰便下意识地用手一摸梳子，但又立马缩了回来。兰兰有些害怕，心想："难道这里面有电？"吓得兰兰赶紧放下了梳子。

提问小课堂

兰兰 爷爷，为什么我梳头发的时候会有电流声啊？

爷爷 因为用塑料梳子梳头发会产生静电，虽然塑料不是导体，但也会产生微弱的电量。归根到底是头发的问题，应该是你头发太干，再加上空气干燥，就容易产生静电。

兰兰 那什么是静电呀？

爷爷 静电是一种处于静止状态的电荷。在干燥多风的冬天，常常会产生静电现象。比如：晚上脱毛衣睡觉时，常听到衣服传来噼里啪啦的声响，有时还伴有电火花；不小心碰到别人的手时，指尖会突然感到针刺般的痛，像被电到了一样；拉门把手、开关水龙头时都会"触电"，时常发出"啪"的声响；当然还有你刚刚说的这种现象，梳头时头发会经常"飘"起来，越理越乱。这些都是发生在人体上的静电。

05 怎么让灯泡亮起来？

　　一天，兰兰吃过晚饭后，坐在沙发上看着天花板上的灯发呆。看了几分钟后，她转过头问身边的爷爷灯是怎么亮起来的。爷爷说："咱们一起做个实验，就可以解释灯泡是怎么亮起来的了。"

爷爷准备好实验材料：小灯泡、带导线的灯座和5号碱性电池。

提问小课堂

兰兰 爷爷，这个实验应该怎么做呢？

爷爷 你把小灯泡拧在这个带导线的灯座上，导线的两端分别连接电池的正极和负极，这样就相当于用导线把电池的正极、小灯泡和电池的负极连接成一个圈，这样就可以通电啦！

兰兰照着爷爷说的去做，小灯泡果然亮起来了。

兰兰 哇！小灯泡真的亮了，这是什么实验原理呀？

爷爷 电流从电池的正极通过导线进入小灯泡的一个接入点，再经过灯丝，从另一个接入点顺着导线流回电池的负极，便形成了一条闭合的电路。这条路通了，灯泡也就亮了。

06

为什么筷子
能把米和杯子提起来?

兰兰今天和爷爷逛超市,发现大米在打折,于是爷爷买了一大袋米。回到家后,爷爷看着新买的米问兰兰:"如果我们用米把杯子装满,然后把一根筷子插到这个装满米的杯子里,然后再把筷子往上提,你说筷子能把米和杯子提起来吗?"

兰兰一脸质疑："那怎么可能？"爷爷说："那我们就一起来试试吧！"

兰兰按照爷爷的吩咐，找来一个一次性的塑料杯，并往杯子里装满了米。爷爷用手把杯子里的米按了按，并用手按住米，从手指缝间插入一根竹筷子，然后让兰兰试着把筷子往上提。兰兰轻轻提起筷子，结果杯子和米竟然一起被提起来了。

提问小课堂

兰兰 爷爷，这怎么可能呢？为什么筷子能把米和杯子提起来呀？您快告诉我吧！

爷爷 我刚才之所以用手按一下米，是为了让杯子里的米粒之间互相挤压，这样就能把杯子里的空气排出去了。杯子外面的压力比杯子里面的压力大，这样就能使筷子和米粒之间紧紧地压在一起，所以筷子就能把米和杯子都提起来啦！

07

什么是重力？

　　兰兰看到电影中的宇航员进入太空中就会飘起来，就问爷爷这是为什么。爷爷告诉她："这是因为他们离开了地球，失去了重力的吸引，我们可以做一个小实验来探究一下重力的存在。"

爷爷找来三根细绳、三枚曲别针和一根小木棍，他用三根细绳分别系住三枚曲别针，再将它们依次固定在小木棍上面。爷爷将小木棍悬空水平地举起，兰兰发现这些曲别针都竖直向下。爷爷又将小木棍倾斜，这些曲别针依然竖直向下。无论爷爷怎么变换小木棍的角度，三枚曲别针都是稳稳地竖直向下。

提问小课堂

兰兰 爷爷，为什么这些曲别针都是竖直向下的呀？

爷爷 这就是重力的作用，这个实验告诉我们重力的存在。

兰兰 那什么是重力呀？

爷爷 重力是由于地球的吸引而使物体受到的力。重力的方向总是竖直向下的，所以我们刚才做的小实验里，曲别针的方向也总是竖直向下的。重力现象广泛地存在于我们的生活中，例如，苹果会从树上掉下来，跳起来的我们会落回地面，这些都是重力造成的。

08 为什么纸被刀切了可以毫不损坏?

爷爷正在做饭,兰兰帮忙打下手。兰兰切土豆时,爷爷又想到一个小实验。于是爷爷找来一张A4纸,对折一半后撕开,用撕开的纸又对折包住刀刃,让兰兰试试这样切土豆。兰兰发现土豆被切开了,但是纸却没损坏,这是为什么呢?

·提问小课堂·

兰兰 爷爷，为什么纸明明被刀切了，却毫不损坏呢？

爷爷 因为刀刃的压力通过土豆产生了反压力，纸没有损坏是因为纸上的纤维柔韧性比土豆更好。

兰兰 那什么叫反压力呀？

爷爷 反压力就是支持力，由于支撑面发生形变，对被支撑的物体产生的弹力，通常称为支持力。

你也试着做一做这个小实验，并记录下你的实验结果吧！

09 当汽车急刹车时，为什么我们的身体会前倾？

　　周末，兰兰和爷爷乘坐公交车去动物园游玩。公交车在马路上像猎豹一般奔驰着。到了一个十字路口时，一个男子骑着一辆蓝色电动车突然冲了出来，向公交车急速驶来。眼看就要撞上了，公交车司机急忙一踩刹车。随着一阵刺耳的声音，兰兰和爷爷还有车上其他乘客的身子都往前一冲，车猛然停住了，可兰兰的心还是狂跳不已。幸好公交车司机刹车及时，否则一起交通事故就发生了。

·提问小课堂·

　　兰兰 爷爷，当汽车急刹车时，为什么我们的身体会前倾呀？

爷爷 这是因为惯性。刹车前，人和车都快速地向前运动，当汽车突然刹车时，人和汽车便停止了运动，但人的身体由于惯性，还会保持原来向前运动的状态，所以我们的身体会向前倾倒。

10

为什么靠墙
站着无法捡东西？

兰兰手里拿着一瓶矿泉水，不小心掉到了地上，她赶紧弯腰捡了起来。爷爷见状便又想到一个有趣的小实验，问兰兰要不要挑战，兰兰兴奋地答应了。于是，爷爷让兰兰背部靠墙站立，然后把那瓶矿泉水放在地上，大约离兰兰30厘米，

看兰兰能不能弯腰把矿泉水捡起来。兰兰尝试了很多次，发现根本做不到，她连腰都弯不下去。

·提问小课堂·

兰兰 爷爷，为什么靠墙站立时无法捡东西呀？

爷爷 因为人的身体向前弯曲的时候，为了保证不会摔倒，屁股会向后倾斜以保持平衡。可是如果后面是墙的话，屁股就没办法向后倾斜保持平衡了，所以腰就弯不下去了，也就无法把眼前的东西捡起来了。

你也试着做一做这个小实验，并记录下你的实验结果吧！

11

为什么用"纸杯电话"能听到声音？

一天，兰兰闲来无事，便拿出一本杂志津津有味地看起来。忽然，一个叫"纸杯电话"的简易小实验映入兰兰的眼帘，兰兰觉得很有趣，实验步骤也比较简单，决定动手试一试。

兰兰按照书上的介绍，准备好实验材料：两个纸杯、一根牙签、一根长细线和一支彩色笔。

兰兰先用牙签在两个纸杯的底部各扎一个小孔，接着把细线的两端分别穿过这两个小孔，并在细线的末端打上死结，防止它从小孔中跑出去。最后用彩色笔在杯子外面画上自己喜欢的图案做简单的装饰。这样"纸杯电话"就大功告成了。

兰兰迫不及待地请求爷爷和她一起做实验。爷爷拿着一个纸杯坐在客厅，兰兰拿着另一个纸杯坐在卧室，确保中间的线绷直。开始打电话了，爷爷对着纸杯口喊道："兰兰，听得清吗？"兰兰用杯口罩住耳朵，兴奋地回答："听见了，听见了！"

提问小课堂

兰兰 爷爷，为什么用纸杯电话能听到声音呀？

爷爷 因为声音是靠引发介质的振动传播的。人说话的声音引起一侧杯子的杯底振动，并将振动通过绷直的线传递到另一侧杯子的杯底，于是另一侧杯底也开始振动并发出声音。

12 为什么装水的瓶子比装沙子的瓶子先到达终点?

兰兰暑假去海边玩，她感觉海滩上的沙子又细又软，就用矿泉水瓶装了一些带回家来。爷爷看到兰兰带回来的沙子，就想到一个小问题想考考她，便问兰兰："装有沙子和装有水的两个同样质量的瓶子从相同的高度滚下来，你觉得哪一

个会先到达终点？"兰兰毫不犹豫地回答："当然是一起到达终点啦！"爷爷说："那我们来试一下吧！"

爷爷拿出家里的天平，把装有沙子的矿泉水瓶放到天平的一端，兰兰往另一个相同的矿泉水瓶里装了一些水，放到天平上，发现水少了，又加了一些，直到和沙子一样重。爷爷找了一个长方形木板，又从书架上拿了两本厚书，搭成了一个斜坡。兰兰把两个瓶子放在木板上，在同一起始高度让两个瓶子同时向下滚动，结果发现装水的瓶子竟然比装沙子的瓶子先到达终点。

·提问小课堂·

兰兰 爷爷，为什么装水的瓶子比装沙子的瓶子先到达终点呀？

爷爷 因为沙子对瓶子内壁的摩擦力比水对瓶子内壁的摩擦力要大得多呀，而且沙子之间还会有摩擦，摩擦力越大，下滑得就越慢，所以装沙子的瓶子下滑速度就比装水的瓶子要慢。

兰兰 那什么是摩擦力呢?

爷爷 摩擦力就是两个相互接触并挤压的物体,当它们发生相对运动或具有相对运动趋势时,在接触面上产生阻碍相对运动或相对运动趋势的力。比如你骑自行车时,是不是会感觉到累? 那是因为自行车和地面之间产生了摩擦力,但是如果自行车静止地放在那儿,是不会有摩擦力的。摩擦力只存在于发生相对运动或相对运动趋势的两个物体之间。

你也试着做一做这个小·实验,并记录下你的实验结果吧!

13

为什么食品脱氧剂会被磁铁吸住呢？

兰兰坐在沙发上打开一包零食看动画片，发现里面有一包食品脱氧剂，正打算扔掉却被爷爷制止了。爷爷问兰兰："你想不想看一个神奇的现象？"兰兰高兴地回答："想！"爷爷拿出一块磁铁，慢慢接近食品脱氧剂，没想到食品脱氧剂竟然被吸到了磁铁上！

·提问小课堂·

兰兰 爷爷，为什么食品脱氧剂会被磁铁吸住呢？

爷爷 因为食品脱氧剂里含有铁粉，所以会被磁铁吸住。脱氧剂是通过铁与氧气相结合来减少食品袋中的氧气，从而防止食品变质的。其实不只食品脱氧剂可以被磁铁吸附，一次性暖贴也可以。

兰兰 一次性暖贴里也含有铁粉吗？

爷爷 是的。一次性暖贴是利用空气中的氧气和铁相结合而产生热量来进行取暖的。

　　你也试着做一做这个小实验，并记录下你的实验结果吧！

14

为什么金属
汤勺变成了磁铁？

兰兰和爷爷做完食品脱氧剂被磁铁吸附的实验后，问爷爷："我们还能用磁铁做什么小实验？"爷爷说："你去厨房里把咱们的汤勺拿过来，爷爷给你把汤勺变成磁铁怎么样？"兰兰一脸疑惑，汤勺怎么可能变成磁铁呢？她赶紧跑去厨房拿来了汤勺。

爷爷从抽屉里找了几个铁钉和曲别针，让兰兰用汤勺吸一下，看能不能吸上，结果吸不上。爷爷说："接下来就是见证奇迹的时刻啦！"兰兰满脸期待。爷爷用磁铁在汤勺上慢慢地来回摩擦，然后又让兰兰用汤勺去吸铁钉和曲别针，汤勺竟然把它们都吸起来了。爷爷又让兰兰把汤勺在桌子上敲一下，结果铁钉和曲别针又掉下去，吸不上来了。

·提问小课堂·

兰兰 爷爷，为什么用磁铁摩擦了汤勺之后，汤勺也变成磁铁了？

爷爷 我们可以把构成汤勺的金属物质看成是一个个的小磁铁，但由于它们的磁场方向不同，作用被相互抵消，所以汤勺也就没有了磁性。而如果用一块真正的磁铁和它摩擦，磁铁的磁力就会把汤勺内部的小磁铁的磁场强行排列成同一个方向，这时候汤勺就也会产生磁性了！

兰兰 那为什么把汤勺在桌子上一敲，它的磁性又没了呢？

爷爷 把汤勺在桌子上一敲，它内部小磁铁的排列方向就被破坏了，所以汤勺的磁力也就消失了。

兰兰 那我们还能把什么物品磁化呢？

爷爷 铁、钴、镍等都是磁性物质，含有这些物质的合金都可以被磁化，比如铁钉、钢针等。

你也试着做一做这个小实验，并记录下你的实验结果吧！

15 为什么用很小的力气就能用剪刀轻松剪开纸呢?

快过春节了，兰兰心血来潮对剪纸产生了兴趣，便求着爷爷教她剪纸，爷爷爽快地答应了。爷爷拿了一把家里最普通的剪刀，又找来一张红纸，接着，爷爷用剪刀熟练地在纸上飞舞着，不

一会儿，爷爷把纸展开一看，啊！一个漂亮的小女孩出现了，头上还顶着几只碗，原来是一个正在演杂技的小演员。看到这精美的剪纸，兰兰真是对爷爷佩服得五体投地。

提问小课堂

兰兰 爷爷，为什么用很小的力气就能用剪刀轻松地剪开纸呢？

爷爷 因为剪刀利用的是杠杆原理呀。

兰兰 那什么是杠杆原理呢？

爷爷 利用一根棒，把很小的力变成很大的力的方法就叫作杠杆。杠杆具有阻力点、动力点和支点三要素，就比如这把剪刀，它的阻力点在刀刃上，支点就是中间固定两个刀刃的点，动力点在我们手握的地方。如果从支点到阻力点的距离比从支点到动力点的距离短，那么在剪东西时，很小的力都能转化成很大的力，所以我们见到的比较省力的剪刀基本上都是我用的这种，刀刃比手握的地方短。

16

海市蜃楼
是怎么形成的?

　　兰兰和爷爷一起看新闻，新闻中说某地上空出现了海市蜃楼的壮观景象，市民发现在乌云密布的天空中，浮现出一座座连在一起的高楼大厦，高楼大厦轮廓清晰可见。兰兰好奇海市蜃楼是怎么形成的，便请教爷爷。

·提问小课堂·

兰兰 爷爷，海市蜃楼是怎么形成的呀？

爷爷 海市蜃楼是一种光学幻景，是地球上物体反射的光经过大气折射而形成的虚像，出现高大楼台、城郭、树木等幻景。根据物理学原理，海市蜃楼是由于不同的空气层密度不同，而光在不同密度的空气中又有着不同的折射率，也就是因为海面上冷空气与高空中暖空气之间的密度不同，对光线有着不同的折射率而产生的一种大气光学现象。

兰兰 那海市蜃楼一般发生在哪里呢？

爷爷 海市蜃楼一般发生在平静的海面、大江江面、湖面、雪原、沙漠或戈壁等地方，偶尔会在空中或地上。海市蜃楼一般在同一地点重复出现，比如，山东蓬莱海面上经常出现海市蜃楼，而且出现的时间大体一致，大多出现在每年的五六月份。

17

彩虹是怎么形成的?

这天吃过午饭,天空忽然下起了雨,没过多久,雨就停了,太阳公公微笑着探出了头,阳光穿过滚滚乌云照耀着大地。忽然,一道彩虹自然优雅地横挂在天与地之间。兰兰看得如痴如醉,竟看呆了。可是还没等兰兰看够呢,彩虹就消失

了。爷爷看见兰兰意犹未尽的表情，说："其实我们自己也可以制造彩虹哦！"兰兰听了高兴得欢呼起来。

爷爷找来了一个三棱镜，让从窗户照进来的阳光打在三棱镜上，这时候神奇的现象出现了，三棱镜竟然折射出一道美丽的彩虹。

·提问小课堂·

兰兰 爷爷，彩虹是怎么形成的呀？

爷爷 彩虹是因为阳光照射到空气中接近球形的小水滴，形成了折射和反射，再加上光的色散，就形成了五颜六色的彩虹。

兰兰 那彩虹为什么是彩色的，而不是白色的呢？

爷爷 因为阳光是复色光，是由七种颜色组成的。由于水滴或棱镜对各种颜色的光具有不同的折射率，被阳光照射时，对各种色光的传播方向有不同程度的偏折，所以在离开的时候就各自分散，这种现象就叫"色散"。

18

皮球为什么
能够弹起来？

暑假，爷爷送给兰兰一个皮球，说拍皮球不仅能够锻炼身体，还能够丰富兰兰的课余生活。兰兰拍着爷爷送她的皮球，一只手放在皮球上，皮球一跳一跳的，像个活泼的小精灵，很调皮。

它一会儿跳到这儿，一会儿跳到那儿，兰兰根本拍不到它。

·提问小课堂·

兰兰 爷爷，皮球为什么能够弹起来呀？

爷爷 因为皮球具有弹性。弹性是指物体在外力作用下发生形变，当外力撤销后又能恢复原来的大小和形状，而这个使物体复原的力，就是弹力。皮球的弹力作用于地面，于是它就弹了起来。弹力的方向跟使物体产生形变的外力方向相反，皮球被拍到地上，弹力就会让它弹起来。

兰兰 那弹力的大小和什么有关呀？

爷爷 弹力的大小与发生弹性形变的大小有关。皮球被轻轻丢到地上时，发生的弹性形变小，所以弹得低；而被重重丢到地上时，发生的弹性形变大，所以弹得高。

19

为什么不倒翁
倒下后又能立起来？

一次英语考试，兰兰发挥失常，被爸爸妈妈严厉地批评了，她就躲在房间里偷偷哭泣。爷爷若无其事地走进兰兰的房间，把一个不倒翁放在兰兰眼前。兰兰不停地拍打着不倒翁。不倒翁摇摇晃晃，但总是不倒，兰兰用手把它按倒，一松手，它又立起来了。

兰兰似乎明白了爷爷给她不倒翁的用意，她

明白了一个道理：无论我们怎样把不倒翁按倒，它都能再立起来。我们也要向不倒翁学习，做什么事情都要坚持不懈，不能被失败打倒，从哪里摔倒就从哪里爬起来。

·提问小课堂·

兰兰 爷爷，为什么不倒翁倒下后又能立起来呢?

爷爷 因为不倒翁上轻下重，它的重心比较低，整个身体就比较稳定，也就是说重心越低越稳定。当不倒翁在竖立状态处于平衡时，重心和接触点的距离最小，也就是重心最低。偏离平衡位置后，重力的作用使重心围绕支点（不倒翁和桌面的接触点）摆动，使重心回到最低位置。因此，这种状态的平衡是稳定的。所以不倒翁无论如何摇摆，总是不倒的。

兰兰 那什么是重心呀?

爷爷 重心就是物体所受重力的作用点，它跟物体的形状、质量分布是否均匀有关。对于质量分布不均匀的物体来说，质量越大的地方越靠近重心。

20

饮料瓶
为什么会变白呢？

　　有一天，兰兰望着天空中的云发呆，就问爷爷："云是怎么形成的呢？"爷爷回答道："咱们俩一起做个实验，就能说明这个问题了。"

　　于是，爷爷找来一个饮料瓶，往瓶内倒入少

量的温水；接着点燃一根线香，把燃烧着的一端插入饮料瓶中，在瓶内充入线香的烟雾；然后把线香拿出来，盖上瓶盖。爷爷用手把饮料瓶捏瘪，饮料瓶突然变得透明了。爷爷又稍微松了点劲儿，饮料瓶内又变成了白色，而且比刚放入线香烟雾的时候要白得多。这是为什么呢？

提问小课堂

兰兰 爷爷，饮料瓶内为什么会变白呢？

爷爷 将饮料瓶捏瘪，瓶内空气的体积缩小，温度会稍微升高，水分子分散开从而变得透明；手松劲儿后饮料瓶恢复原状，瓶内空气的体积膨胀，温度也会相应降低，于是空气中的水分子又聚集在一起，就变白了。

兰兰 我明白了，那您能再讲一讲云是怎么形成的吗？

爷爷 我们刚才做的这个实验就说明了云的形成过程。云是由水以及冰的细小颗粒构成的，空气中也有许多细小的水滴，在温度较低的天空中，水以及冰的细小颗粒聚集在一起就形成了云。就像我们做的这个实验，往饮料瓶里放入温水，空气中水分子增多，就很容易形成云，放入烟雾后，水分子聚集在烟雾颗粒周围，也就是小灰尘的四周，就形成了云。

你也试着做一做这个小实验，并记录下你的实验结果吧！

21

为什么
橡皮筋能被拉长？

兰兰家来了客人，妈妈把刚买的蛋糕卷拿出来，让兰兰把蛋糕卷平均分成7份，给客人品尝。但是兰兰遇到了难题，她很难把蛋糕卷分成7等份，于是就去找爷爷帮忙。爷爷说："其实只需要一根橡皮筋就可以！"

爷爷找来一根橡皮筋，用大拇指指甲盖比量着在橡皮筋每隔一指甲盖的地方做一个记号，从0到7。然后爷爷将做好记号的橡皮筋拉伸，使0的位置在蛋糕卷的一端，7的位置在蛋糕卷的另一端，爷爷让兰兰拿刀在蛋糕卷对应橡皮筋上1、2、3、4、5、6的位置各切一刀，这样蛋糕卷就被平均分成7份了。

提问小课堂

兰兰 爷爷，橡皮筋为什么能被拉长呢？

爷爷 这是因为橡皮筋里存在许许多多如弹簧般的小橡胶物质，也就是橡胶的分子。这些橡胶分子很爱运动，它们手拉手地排列着，因为每个分子都在活泼地运动，所以它们的队伍总是弯弯曲曲，不成样子。如果用力拉橡皮筋，那这些橡胶分子就失去了任意活动的"自由"，它们排列成的队伍便整整齐齐，从外形上看就是被拉长了。

兰兰 那橡皮筋被拉长后为什么还能再缩回去呢？

爷爷 因为这些橡胶分子不喜欢被束缚。它们被迫排列整齐后都争相"反抗"，强烈要求恢复"自由"，于是它们摆脱了外力之后就会产生一种恢复原状的力，这就是橡胶的弹性。

兰兰 那您刚才拉伸橡皮筋把蛋糕卷平均分成7等份是什么原理呢？

爷爷 拉伸橡皮筋后，那些小橡胶物质会以相同的长度伸长，也就是咱们刚才标记的每组"相邻数字之间"也会以相同的长度伸长，虽然每组"相邻数字之间"不再是一指甲盖的长度了，但是各组"相邻数字之间"的距离是相等的。所以，我们就可以这样平均切分蛋糕啦！

你也试着做一做这个小实验，并记录下你的实验结果吧！

22 为什么冰块会浮在水和油之间？

周末，兰兰和爷爷收拾冰箱，发现冰箱里结了很多小冰块。兰兰拿了一个冰块在手中玩，爱不释手。爷爷见状，就问兰兰："想不想和爷爷一起用冰块做个实验？"兰兰回答："当然想！"

　　爷爷往盛有半杯水的杯子里放入油，可以看到油漂浮在水上，和水分为上下两层。接着爷爷把兰兰手里的冰块放入杯子中，神奇的现象发生了，冰块浮在了水和油之间。

提问小课堂

🧒 **兰兰** 爷爷，为什么冰块会浮在水和油之间呀？

👴 **爷爷** 如果把相同体积的冰块与水、油进行比较的话，最重的是水，其次是冰块，最轻的是油。由于冰块密度比水小，又比油大，所以会在水里浮起来，而在油里沉下去，所以你就看到了冰块浮在水和油之间的现象了。

23

为什么墨水的颜色都能集中到冰块中部？

兰兰做完冰块浮在水和色拉油之间的实验，感觉意犹未尽，缠着爷爷问："还有没有别的关于冰块的小实验？"爷爷想了一会儿说："你去把爷爷书房里的墨水拿来，准备做实验啦！"兰兰蹦蹦跳跳地去书房拿墨水。

　　爷爷将蓝色墨水滴入装有水的杯子中，然后用保鲜膜封住杯口，接着包上塑料气泡膜，放入冰箱的冷冻室冷冻起来。大约过了一个小时，兰兰打开冰箱把杯子拿出来，发现杯子里的水结冰了，而蓝色墨水都集中在冰块的中部，并且中间的蓝色部分没有冻结，四周结冰的部分也没有变成蓝色。

提问小课堂

🧑 **兰兰** 爷爷，为什么墨水的颜色都集中在冰块中部呢？

👴 **爷爷** 因为包上塑料气泡膜，水的温度会很难迅速降下来，从而会慢慢结冰。因此，水就会在自外向内结冰的同时将色素慢慢集中到中央。

🧑 **兰兰** 那中间的墨水为什么没有结冰呢？

👴 **爷爷** 因为墨水的冰点比水要低，水的冰点是0℃，而墨水的冰点一般在零下十几度。

24

为什么锡纸
会变成圆球呢?

周末,爷爷把兰兰叫到厨房来,说要给她表演一个魔术。爷爷找来一个玻璃球放在锡纸的中部,并把锡纸折成一个正方体,接着把正方体的锡纸包放到纸杯里,拿另一个纸杯扣住,用胶带固定住两个纸杯。爷爷让兰兰晃动纸杯大约30秒

钟，然后打开纸杯看看有什么变化。兰兰照做，打开纸杯后发现包着玻璃球的锡纸变成了一个圆球。

·提问小课堂·

兰兰 爷爷，为什么锡纸会变成圆球呢?

爷爷 因为锡纸的特性是塑性强。我们摇晃杯子的时候，里面的玻璃珠在封闭的锡纸里面随着杯子的晃动而上下左右到处撞击锡纸，又由于锡纸具有非常好的塑形性，所以在玻璃球的撞击下，锡纸就变成了一个空心的球。

你也试着做一做这个小实验，并记录下你的实验结果吧!

_____

_____

_____

25

完整的水果
放到水里会怎样？

　　老师给同学们布置了一个作业：把水果放到水里，观察哪些水果会浮上来，哪些水果会沉下去。兰兰回到家后，找出四个大碗，并把每个碗都倒上水，然后把苹果、香蕉、猕猴桃和葡萄分别放到四个碗里。兰兰观察到苹果和香蕉浮在水面上，而猕猴桃和葡萄却沉下去了。兰兰觉得很奇怪，就去找爷爷帮她答疑解惑。

提问小课堂

兰兰 爷爷，好奇怪啊，我觉得苹果是这几种水果里最重的，为什么它会浮上来？葡萄明明看起来那么小，它为什么会沉下去呢？

爷爷 物体能在水中漂浮是因为有浮力，物体受到的浮力大小取决于它的密度与水的密度。如果物体的密度比水大，它就会下沉；如果物体的密度比水小，它就会在水上漂浮。苹果和香蕉的密度小于水，所以会在水上漂浮；而葡萄和猕猴桃的密度比水大，所以它们会沉到水底。

> 你也试着做一做这个小实验，并记录下你的实验结果吧！
>
> _____
>
> _____
>
> _____

26

为什么香蕉剥皮后会沉到水底？

兰兰觉得老师布置的观察水果在水里浮沉情况的实验很有趣，便产生了奇思妙想，问爷爷："如果把这些水果都剥皮，苹果和香蕉还是会浮上来吗？猕猴桃和葡萄依旧会沉底吗？"爷爷鼓励兰兰："你这个想法很好，咱们可以再做一下实验

看看结果。"

爷爷把苹果和猕猴桃的皮削掉，兰兰把葡萄皮和香蕉皮都剥掉，然后兰兰把这些水果分别放入水中，发现只有苹果浮在水面上，香蕉、猕猴桃还有葡萄都沉入水底了。

·提问小课堂·

🧒 **兰兰** 爷爷，为什么香蕉剥皮后会沉入水底呀？

👴 **爷爷** 因为香蕉去皮后，失去了皮和果肉中间的空气，变得比相同体积的水要重了，所以会沉下去。

　　你也试着做一做这个小实验，并记录下你的实验结果吧！

_____

_____

_____

_____

27

为什么水不会流出来?

兰兰在网上看到一个小实验:往杯子里倒满水,上面盖上明信片,然后用手托住明信片,把杯子倒过来,最后把手移开。结果明信片不会掉到地上,杯子里的水也不会流出来。兰兰觉得很神奇,就跟着视频一起做起来。

·提问小课堂·

兰兰 爷爷，为什么把水杯倒过来，水也不会流出来呢？

爷爷 这是一个大气压强现象。杯子盖上明信片后，明信片受到水对它向下的压力和外界大气压对它向上的压力，水对明信片向下的压力远小于大气对明信片向上的压力，所以明信片才不会掉落，水也就无法流出来了。

　　你也试着做一做这个小实验，并记录下你的实验结果吧！

28

影子是怎么形成的?

有一天晚上，爷爷和兰兰一起去超市。满街的灯光亮亮的，兰兰转身一看，发现有好多自己的影子。站在某一个点，兰兰的影子和她的身体重合；向前慢慢走，她的影子开始变成一个小矮人。兰兰停下来看着这个胖墩墩的小矮人，这个小矮人的身材一点儿也不像兰兰，倒是有点儿像《白雪公主》里七个小矮人的样子；兰兰继续往前

走，影子又变得有点儿狭长了，再继续走，越走影子越长，越走影子越大。

·提问小课堂··

兰兰 爷爷，影子是怎么形成的呀？

爷爷 影子的产生是由于物体遮住了光线。光线在同种均匀介质中沿直线传播，不能穿过不透明物体而形成的较暗区域就是我们的影子。影子的产生有三个条件，首先是光，其次要有不透明或者半透明的遮光物体，最后就是一个能显示出影子的地方，这三个条件缺少一个都不可能形成影子。

兰兰 那影子为什么有时长，有时短呢？

爷爷 这跟光照的角度有关。光线与遮光物体夹角越大，影子越短；相反，夹角越小，影子越长。就像你刚才路过路灯时，你离路灯越近，夹角越大，影子就越短；你离路灯远了，夹角就变小了，影子也就变长了。还有一条你要记住：早晨和晚上当太阳接近地平线时影子最长，正午阳光下的影子最短。

29

为什么用可乐
能把气球吹起来?

　　暑假的一天，兰兰正坐在沙发上一边看电视一边喝可乐，爷爷看到兰兰手中的可乐，问兰兰："想不想跟爷爷一起用可乐做个小实验?"兰兰毫不犹豫地说："当然啦!是什么实验呢?"爷爷神秘一笑："一个非常有趣的实验，接下来你就知

道啦！"

爷爷拿出一个气球和一根细线，又拿出一瓶可乐并拧开，把气球套在可乐瓶口，又用细线把瓶口扎紧。然后爷爷让兰兰不断地摇晃可乐，兰兰卖力地摇晃着手中的可乐，她发现气球竟然自己鼓起来了，并且随着她的摇晃越来越大，兰兰简直不敢相信自己的眼睛。

提问小课堂

兰兰 爷爷，为什么用可乐能把气球吹起来呢？

爷爷 因为可乐中含有碳酸，当剧烈摇晃可乐时，可乐里的碳酸就会分解产生二氧化碳气体。大量的二氧化碳气体从可乐中冒出，"跑"到了气球里，套在上面的气球自然就鼓起来了。

30

为什么报纸会带电？

　　冬天，室内的空气有些干燥，兰兰正在沙发上逗小猫咪玩耍，爷爷手里拿了一张报纸，提出一个问题考一考兰兰："不用胶水、胶布等黏合的东西，你能把报纸贴在墙上吗？"兰兰挠了挠头说："应该不行吧！爷爷，您有什么好办法吗？"

爷爷笑着说："我们来做个小实验，你看我是怎么用一支铅笔把报纸贴到墙上的！"

说着，爷爷展开报纸，把报纸平铺在墙上。然后，爷爷横拿着铅笔，用铅笔的笔身迅速地在报纸上摩擦了几下后，报纸就自己贴到墙上了。爷爷又掀起报纸的一角，然后松手，被掀起的角又会被墙壁吸回去。

提问小课堂

兰兰 爷爷，为什么报纸能这样被贴在墙上呀？

爷爷 这是摩擦起电的现象，摩擦铅笔，使报纸带上了电，带电的报纸就被吸到了墙上。

兰兰 那什么是摩擦起电呀？

爷爷 摩擦起电就是用摩擦的方法使两个不同的物体带电的现象。这就像我们之前讲过的静电现象，当屋子里比较干燥的时候，如果你把报纸从墙上揭下来，还能听到静电造成的噼啪声。

31

为什么气球会四处乱飞？

春节快到了，兰兰想吹几个气球装饰一下自己的房间。爷爷从楼下超市买了一包彩色气球递给兰兰，兰兰挑了一个红色的，先猛吸一口气，腮帮子鼓得大大的，两个手指头夹着气球，放在嘴边吹了起来。随着气球越来越大，一不小心，气球突然从兰兰手中飞了出去，它先冲向高空，

绕了一圈又慢慢掉了下来。

·提问小课堂·

🧑**兰兰** 爷爷，为什么气球从我手中跑掉后会四处乱飞呢？

👴**爷爷** 气球撒气的瞬间，并不是沿直线冲出去的。它的运动路线曲折多变，这主要是因为气球表面各处厚薄不均导致张力不均匀，使气球放气时各处收缩幅度也不均匀，从而产生摆动。这样的话，反冲力和运动速度的方向不能总是保持一致，从而导致气球的运动方向不断变化。

另外，气球在收缩过程中形状不断变化，因而在运动过程中气球表面的气流速度也在不断变化。根据流体力学原理，流速越大，压强越小，所以气球表面受到的空气压力也在不断变化。同时，气球在摆动和收缩过程中迎风面积不断变化，加之气球在"飞行"过程中还会受到空气阻力的影响，在这些因素的综合作用下，气球撒气时的运动方向不断变化。

32

为什么针
会浮在水面上?

今天兰兰上体育课的时候不小心把校服弄破了，回到家就让妈妈给她缝一下。妈妈接过兰兰的校服，穿针引线，开始熟练地缝补起来，不一会儿，那件破了一个大口子的校服就在妈妈的巧手下缝好了。爷爷看见妈妈手里的针，又想到一个有趣的小实验，就问兰兰："兰兰，你猜我们把

针放到水里，它是浮在水面上还是沉到水里呢？"兰兰回答："肯定是沉到水里。"爷爷就说："咱们一起来试试吧！"

兰兰倒了一杯清水给爷爷端来。爷爷找出一个小镊子，用镊子夹着针小心翼翼地平放到水的表面，然后爷爷慢慢地松开镊子，针竟然漂浮在水面上了，兰兰惊讶得睁大了双眼。爷爷说："你试试往水里滴一滴清洁剂。"兰兰拿了清洁剂，往水里滴了一滴，针立马就沉下去了。

·提问小课堂·

兰兰 爷爷，为什么针会浮在水面上，而不是沉到水里呢？

爷爷 是水的表面张力支撑住了针，使它不会沉到水里。

兰兰 那什么是水的表面张力呢？

爷爷 水分子靠在一起的时候，相互之间会产生一种吸引力。但是水面上的空气中没有水分子，所以水面上的水分子只能跟水下的水分子互相吸引，就在表面形成了一种指向内部的合力，这就是水的表面张力，它可以托住原本应该沉下的物体。

兰兰 那为什么水里加了清洁剂，针就沉下去啦？

爷爷 因为清洁剂降低了水的表面张力，所以针就浮不住了。

你也试着做一做这个小实验，并记录下你的实验结果吧！

33

飞机为什么会飞？

兰兰一家准备去云南游玩，兰兰在候机大厅看到停机坪有很多飞机。爷爷对兰兰说："一会儿你就要亲身体验坐飞机啦！"兰兰激动万分，看着玻璃窗外的飞机，问爷爷："飞机为什么会飞呢？"

·提问小课堂·

兰兰 爷爷，飞机为什么会飞呢？

爷爷 你可以把飞机的翅膀想象成一张薄纸，把这张薄纸放在你的下唇底部用力一吹，你猜薄纸会怎么样？

兰兰 薄纸会向上飘起。

爷爷 没错！吹气产生的气流使薄纸上面的空气流速增加，导致气压降低，相当于你把"气"吹走了，因此，薄纸下面的气压就使它向上飘起。飞机翅膀上方和下方气流的运动与薄纸的实验原理是一样的。当飞机翅膀上方的流体速度增加导致气压降低时，就产生了向上的力，飞机就能飞起来了。

化学实验

34

为什么墨水下沉的方式完全不同？

今天兰兰和爷爷一起做墨水实验。爷爷让兰兰把墨水分别滴入水和淡盐水里面，看看有什么不同。爷爷把墨水往水里滴，兰兰把墨水往淡盐水里滴。兰兰发现滴到水里的墨水会立刻沉入水底；而滴到淡盐水里的墨水，前端会变圆，然后一边分叉一边慢慢地沉下去。

提问小课堂

兰兰 爷爷，为什么滴入水里和滴入淡盐水里的墨水下沉的方式会不同呢？

爷爷 因为墨水重于水，所以滴入水中的时候墨水会立刻下沉；而墨水比淡盐水只稍微重一点儿，所以滴入淡盐水中的时候墨水会慢慢下沉。

兰兰 那如果把墨水滴入浓盐水里呢？

爷爷 墨水滴入浓盐水里是不会下沉的，因为墨水比浓盐水轻。

你也试着做一做这个小实验，并记录下你的实验结果吧！

_____

_____

_____

_____

35

为什么用面粉
能知道雨滴的大小？

下雨天，兰兰站在阳台上看外面的雨。爷爷过来问她："你知道如何判断雨的大小吗？"兰兰回答："看天气预报不就知道啦？"爷爷说："天气预报也不一定准确，我有一个有趣的方法，想不

想来试试？"兰兰激动得跳起来："好！"

爷爷找出一个长方体容器，把面粉放入容器中，然后和兰兰一起端着容器去楼门口接雨水，然后晃动容器使雨水和面粉慢慢融合。最后用漏勺过滤，面粉球的大小就是雨滴的大小。

·提问小课堂·

兰兰 爷爷，为什么用面粉能知道雨滴的大小呢？

爷爷 因为雨滴落在面粉上，四周的面粉就会进入雨滴中，形成与雨滴相同大小的面粉球。

兰兰 那怎么通过面粉球知道雨到底有多大呢？

爷爷 普通的雨滴是直径大约1毫米的球形，暴雨的雨滴是直径3～4毫米的球形，大暴雨的雨滴是直径大约5毫米的馒头形。我们只需量一量这些面粉球的大小，就知道雨有多大啦！

36

为什么小苏打
能溶解橘子的薄皮？

兰兰和爷爷一起去超市买调料，兰兰看着货架上的小苏打，就转头问爷爷："小苏打是什么？"爷爷回答："小苏打就是碳酸氢钠，一种白色粉末或细微结晶。我们在日常生活中经常用它来发面和清洁污垢，它还能溶解橘子的薄皮。""这么

神奇，那咱们买一包回家试试吧！"兰兰缠着爷爷说。

买了一包小苏打回到家后，爷爷架起锅放入500ml的水和一勺小苏打加热，煮沸后把橘子放进去。兰兰发现橘子上的薄皮慢慢变白，锅里的水也逐渐变成了黄色。爷爷一边用漏勺轻轻晃动一边将橘子捞出来，之前附着在橘子上的薄皮、橘络等都脱落了。

·提问小课堂·

🧒**兰兰** 爷爷，为什么小苏打能溶解橘子的薄皮呢？

👴**爷爷** 因为小苏打是碱性的，能够溶解植物纤维，所以橘子的薄皮就会被溶解。你再尝尝橘子的味道，看看有没有什么变化。

🧒**兰兰** 橘子变得不那么酸了，这是为什么呀？

👴**爷爷** 橘子的味道之所以变得不酸了，是因为碱性的小苏打中和了橘子中的酸性物质。

37

为什么把小苏打放入醋里会起泡沫？

兰兰正在喝可乐，爷爷看到后又想到一个有趣的小实验，便问兰兰想不想做，兰兰愉快地答应了。爷爷让兰兰拿来醋和小苏打，又找来一个杯子。爷爷先往杯子里倒了一些醋，然后神秘一笑，对兰兰说："看好了，接下来会出现神奇的一

幕。"兰兰满眼期待地看着杯子。爷爷拿起小苏打往杯子里倒，小苏打刚接触到杯子里的醋，就立刻涌起很多泡沫，爷爷继续倒小苏打，泡沫多得都从杯子里溢出来了。

·提问小课堂·

兰兰 爷爷，为什么把小苏打放入醋里会起泡沫呢？

爷爷 因为小苏打是碱性物质，醋是酸性物质，碱性物质与酸性物质混合到一起会产生二氧化碳，那些泡沫就是二氧化碳。

　　你也试着做一做这个小实验，并记录下你的实验结果吧！

38

为什么热松饼会变色？

爷爷答应给兰兰做热松饼，兰兰一大早就起来跑到厨房观摩。爷爷先把鸡蛋打入碗中，然后加入适量的蓝莓汁与鸡蛋充分混合，这时候碗里的鸡蛋变成了紫色。然后爷爷加入一袋松饼粉，用平底锅煎烤过后，饼并不是紫色的，而是变成

了绿色。

·提问小课堂·

兰兰 爷爷，为什么加入松饼粉后就从紫色变成了绿色呢？

爷爷 因为松饼粉里所含有的泡打粉是碱性的，紫色的蓝莓汁遇到碱性物质会变成绿色。热松饼不仅能够变成绿色，还能变成粉色。

兰兰 哇，怎么变？我喜欢粉色！

爷爷 把柠檬汁滴到热松饼上，就会变成粉色了。因为柠檬汁是强酸性的，紫色的蓝莓汁遇到酸性物质会变红，柠檬汁抵消了泡打粉的碱性，所以热松饼会变成粉色。

兰兰 我明白了，那在制作什么食物的过程中需要加入泡打粉呢？

爷爷 制作蛋糕、发糕、包子、馒头、酥饼、面包等食品时都可以用泡打粉。

39 为什么用微波炉加热不同的食物会产生不同的现象？

兰兰家新买了一台微波炉，兰兰对它非常感兴趣。这天，爷爷准备了切片奶酪、土豆片、太妃糖和橡皮糖，他告诉兰兰用微波炉分别加热它们，会有不同的现象。兰兰按照爷爷的指示，把

切片奶酪、土豆片、太妃糖和橡皮糖分别放入带有锡纸的烤盘中，分别加热2分钟、3分钟、30秒、40秒。兰兰发现切片奶酪膨胀起来，土豆片变成了薯片，太妃糖变得很软，橡皮糖直接化开了。

提问小课堂

兰兰 爷爷，为什么切片奶酪膨胀起来，土豆片变成了薯片，太妃糖变得很软，而橡皮糖直接化开了？

爷爷 用微波炉加热，切片奶酪中的水分会变成水蒸气，从而使体积变大，就会膨胀起来。土豆片里的水分会不断蒸发，土豆失去水分会变干，最后会变硬成了薯片。太妃糖是用红糖、可可液、奶油等做成的，这些都是加热就会变软的物质。橡皮糖是在水果汁里加入明胶制成的一种糖果，明胶是动物的皮或骨头经熬制而成的蛋白质，具有加热后熔化、冷却后凝固的性质，所以加热后会化开。

40

为什么蛋壳
会被食醋溶解呢？

兰兰每次剥鸡蛋的时候都把鸡蛋弄得坑坑洼洼的，为此她十分懊恼，心想："一定要想出一个剥鸡蛋皮的好办法！"兰兰从网上学到一个小妙招：把煮好的鸡蛋放进一个密封的塑料盒里，然后再放点冷水，使劲地摇晃，直到鸡蛋壳完全破裂。这样拿出来剥的时候就容易多了。正当兰兰得意的时候，爷爷问她："你想不想知道怎么剥生鸡蛋的壳？"兰兰很感兴趣。

于是，爷爷将生鸡蛋放入食醋内，蛋壳上就冒出了许多小气泡，鸡蛋一会儿上浮一会儿下沉。过了两天后，兰兰发现蛋壳居然被溶解了，变成了软软的大鸡蛋。

·提问小课堂·

兰兰 爷爷，为什么蛋壳会被食醋溶解呢？

爷爷 因为蛋壳主要是由碳酸钙构成的，放入食醋中就会和醋酸发生化学反应而溶解，并释放出二氧化碳气体，附着在鸡蛋上的气泡就是二氧化碳。鸡蛋上那层薄薄的膜是不会被食醋溶解的。

🧑 **兰兰** 那为什么鸡蛋在和食醋发生反应的时候，一会儿浮上来，一会儿又沉下去呢？

👴 **爷爷** 因为这些小气泡附着在鸡蛋的表面，使鸡蛋受到的浮力增大了，所以鸡蛋就浮上来了。但是鸡蛋浮上来之后，气泡开始散了，浮力又减小了，鸡蛋就又沉下去了。就这样浮浮沉沉，直到蛋壳被溶解。

你也试着做一做这个小实验，并记录下你的实验结果吧！

41

为什么能把
鸡蛋放到瓶子里？

兰兰和爷爷做完鸡蛋壳被食醋溶解的实验，感觉意犹未尽，就问爷爷："还能用鸡蛋做什么实验呢？"爷爷想了想，看到了兰兰喝完酸梅汁剩下的瓶子，正好是个广口的玻璃瓶，瓶口比鸡蛋

略微小一点儿，就把那个玻璃瓶拿过来，说："我们把鸡蛋放到这个玻璃瓶里吧！"兰兰感觉不可思议："鸡蛋比这个瓶口大，那得把鸡蛋打碎才能放到这个瓶子里啊！"爷爷神秘一笑，说："我们不打碎鸡蛋也能做到！"

爷爷拿来一个熟鸡蛋，放到了醋里，等鸡蛋壳变软的时候把鸡蛋取出来。爷爷让兰兰从家里的药箱中拿出酒精棉，然后点燃一个酒精棉球，扔到了玻璃瓶里，最后迅速将鸡蛋的小头对准瓶口。兰兰眼都不舍得眨一下，紧盯着鸡蛋，鸡蛋很快就被吸入到瓶中了，兰兰惊讶得张大了嘴巴。

·提问小课堂·

兰兰 爷爷，为什么鸡蛋能进入瓶口比它还小的瓶子里呀？

爷爷 我们之前讲过了蛋壳能被食醋溶解，那把鸡蛋放在醋中，鸡蛋壳变软的原理就不用我说了吧！现在我就给你讲讲鸡蛋是怎么被吞进去的。酒精棉球燃烧的时候消耗了瓶子里的氧气，这个时候瓶子里的气压比外界气压要小，我们抓住这个时机，快速把鸡蛋放到瓶口，再加上鸡蛋和醋发生反应后蛋壳变软这一条件，外界气压就把鸡蛋压到瓶子里了。一定要注意把鸡蛋放到瓶口的时机，还有要记得把鸡蛋小的那一头对准瓶口。

你也试着做一做这个小实验，并记录下你的实验结果吧！

42

为什么香皂
能使咖喱粉变色？

兰兰家今天吃咖喱饭，但是兰兰妈妈没有控制好用量，剩下了好多咖喱粉。爷爷看到后说："不浪费，我们可以用咖喱粉做个实验。"兰兰一听要做实验，就立马凑到爷爷身边来了。爷爷让

兰兰找出一块白布、一块香皂和一个柠檬，实验就开始了。

爷爷用加了咖喱粉的热水把白布染成黄色，然后拿香皂在布面上画一个五角星，画过的五角星就变成了红色。然后爷爷又在五角星处滴上了几滴柠檬汁，结果红色又一点一点地消失了。

·提问小课堂·

兰兰 爷爷，为什么香皂能使咖喱粉变色呀？

爷爷 因为咖喱粉中含有姜黄色素，香皂含碱性物质，姜黄色素遇到碱性物质会变成红色，所以用香皂画的五角星就变成红色了。

兰兰 那为什么滴柠檬汁红色又消失了呢？

爷爷 因为咖喱粉中含有的姜黄色素遇到酸性或者中性环境就显黄色。由于在碱性的红色部分滴上了酸性的柠檬汁，不再是碱性环境，而是变成了酸性环境，所以红色就会消失，又重新变成了黄色。

43

什么能使米饭变色？

这天，爷爷在学校有事忙，兰兰就去学校给爷爷送饭。爷爷吃饱了发现饭盒里还有剩下的白米饭，就带着兰兰来到了学校的实验室。爷爷找来一个圆形容器，把米饭放在里面，然后拿出一瓶聚维酮碘溶液。爷爷用清水稀释溶液，然后把溶液倒在米饭上，神奇的现象发生了，米饭变成了蓝色。

·提问小课堂·

兰兰 爷爷，为什么倒入聚维酮碘溶液后米饭就变色了呢？

爷爷 因为聚维酮碘溶液中含有碘，而米饭中含有淀粉，淀粉遇到碘会变成蓝色。如果把含碘的溶液倒到食

物上，食物变成了蓝色，就说明食物里含有淀粉。

兰兰 那如果我想让米饭再变回白色呢，有办法吗？

爷爷 可以用白萝卜泥使米饭重新变白。因为白萝卜泥里含有消化酶，这种酶具有将淀粉转化为糖的作用。白萝卜泥与米饭混合后，米饭中的淀粉就被转化为糖，所以蓝色就消失了。

44

什么能使聚维酮碘溶液变透明?

兰兰刚和爷爷做完聚维酮碘溶液使米饭变色的实验，心里又冒出很多问题，于是她问爷爷："那什么能使聚维酮碘溶液变色呢？"爷爷从冰箱里拿出一个柠檬，说："就是这个！"

爷爷把聚维酮碘溶液倒入杯子中稀释，然后加入柠檬汁并充分搅拌，兰兰发现杯子中的液体随着搅拌变透明了。

·提问小课堂·

兰兰 爷爷，为什么柠檬汁能使聚维酮碘溶液变透明？

爷爷 因为柠檬汁里含有维生素C，维生素C会使含碘溶液褪色。

兰兰 那是不是使用聚维酮碘溶液可以检测食物中是不是含维生素C呢？

爷爷 没错，你可以用家里的食物试一试。

45

为什么食醋不能
使聚维酮碘溶液变色？

兰兰做完关于聚维酮碘溶液的两个实验之后，又产生了新的疑问。她拿着一杯稀释的聚维酮碘溶液问爷爷："柠檬汁能使聚维酮碘溶液变透明，那如果我滴入另外一种酸性的溶液，是不是也会同样变透明呢？"爷爷说："你可以试一下。"

兰兰在厨房里翻箱倒柜，找出一瓶食醋。兰兰往稀释的聚维酮碘溶液中倒了一些食醋，并充分搅拌，发现颜色几乎没有什么变化。这是为什么呢？

·提问小课堂·

兰兰 爷爷，为什么食醋不会使聚维酮碘溶液变色呢？

爷爷 傻孩子，爷爷不是告诉你，维生素C会让聚维酮碘溶液变透明吗？食醋虽然和柠檬汁一样都是酸性的，但是食醋里并不含维生素C。因为碘会与维生素C发生反应而变透明，所以不含维生素C的食醋是不会使聚维酮碘溶液变色的。

46

为什么白色豆腐冷冻后会变成黄色呢？

兰兰一家去外面吃火锅，他们吃完后把剩下的豆腐和菜带回了家。回到家后，兰兰把菜放到了冰箱的冷藏区，把豆腐放进了冷冻区。结果第二天，兰兰打开冰箱门发现，原本柔软的白色豆腐变成了黄黄的、硬硬的冻豆腐。

·提问小课堂·

兰兰 爷爷，为什么白色豆腐冷冻后会变成黄色呢?

爷爷 因为豆腐中的蛋白质含量并不低，豆腐经过冷冻后丢失了大量的水分，细胞间的自由水结成了冰，蛋白质凝固后呈米黄色，所以豆腐看起来就变成了黄色。经过解冻后，冰又化成了水，蛋白质经过水解作用而溶于水，豆腐看起来就又变回白色了。

你也试着做一做这个小实验，并记录下你的实验结果吧！

47

你知道怎么写密信吗？

　　兰兰正在家里看一部电视剧，剧中的一个卧底给接头人传递消息，写了一封密信，接头人收到密信后打开一看，纸上什么都没写，但是他把这张纸放在火上一烤，字迹就显现出来了。兰兰

觉得太神奇了，就问爷爷这是怎么做到的。爷爷笑着说："爷爷今天来教教你，我们也可以写这样的密信！"

爷爷让兰兰从厨房拿来两根葱，把葱的叶子剪掉，只留下了葱白。爷爷拿来一个碗，用力往碗里挤葱汁，然后把葱汁端到书房，用毛笔蘸取了葱汁，在一张白纸上写下"兰兰"二字。过了一会儿，葱汁干了，白纸上的字迹也看不见了。这时，爷爷又点燃一支蜡烛，让兰兰把那张白纸放在烛火上方烤，爷爷用葱汁写的"兰兰"二字竟然神奇地显现出来了，兰兰高兴得欢呼起来。

·提问小课堂·.

兰兰 爷爷，这真是太神奇啦！为什么把纸放火上一烤，上面的字就显示出来啦？

爷爷 因为葱汁能使纸发生化学变化，从而形成一种像透明薄膜一样的物质，这种物质的燃点比纸要低，所以往火上面一放，这种物质就被烧焦了，字就显示出来了。

兰兰 那只有葱汁有这种特性吗？我们能把葱汁换成其他的物质吗？

爷爷 你可以试试用柠檬汁、蒜汁、洋葱汁、醋等，这些东西也有这种特性。

兰兰 太棒了！我要用它们挨个儿试一遍。

你也试着做一做这个小实验，并记录下你的实验结果吧！

为什么白纸
上的字不见了?

兰兰做完密信的实验,问爷爷:"还有没有别的方法能写密信?"爷爷说:"有啊!爷爷今天教你做一种可以让白纸上的字出现又消失的小实验。"兰兰开心地行动起来。

爷爷让兰兰用玻璃杯到厨房取了一些淀粉,并用清水把淀粉稀释成溶液。爷爷用毛笔蘸取了

一些淀粉溶液，在白纸上写下了"兰兰"二字，等纸干燥了，纸上什么痕迹都没有了。接下来爷爷拿出碘水，用棉棒蘸取了一些，在白纸上涂抹，这时候，白纸上显示出了蓝色的"兰兰"二字。兰兰认真地看着，爷爷说："接下来我们再让字消失。"说完，爷爷点燃一根蜡烛，把纸放在烛火上方烘烤，白纸上蓝色的字很快就没有了。

提问小课堂

兰兰 爷爷，这真是太神奇了！白纸上的字为什么出现了？又为什么能消失呢？

爷爷 因为我们用淀粉溶液写的字，那字上就会有淀粉，碘能使淀粉变蓝，所以我们涂抹碘水的时候就出现了蓝色的字。我们把纸放在火上一烤，字就消失不见了，这主要是因为加热的时候，碘就会升华，跑到空气中去了，所以蓝色的字又消失了。安全起见，要注意白纸放在火上烤的时间不要太长。

49 为什么苹果会"生锈"？

　　这天，兰兰正在书房里认真地写作业，爷爷看她那么辛苦，就给她削了一个苹果送到书房。兰兰把削好的苹果放到了盘子里，准备写完作业再吃。等到她终于把作业写完，想要吃苹果的时

候，发现苹果表面变成了红褐色，像是生锈了一样。于是她拿着苹果去问爷爷苹果怎么会"生锈"。爷爷说："我来教你一个防止削好的苹果'生锈'的方法吧！"兰兰说："好啊！"

爷爷往盆里放入食盐，又加了一些水，充分搅拌均匀，然后又削了一个苹果，放到了盐水中。过了一会儿，盐水中的苹果还是新鲜如初，表面没有"生锈"。过了一会儿，兰兰又来观察，苹果还是没有"生锈"。

·提问小课堂·

兰兰 爷爷，为什么削好的苹果放一会儿会"生锈"呢？

爷爷 因为苹果中含有酚类化合物，把皮削去后，苹果里的酚类化合物就被空气中的氧气氧化了，氧化之后就会发生色变，一开始是黄色，随着反应的量的增加，颜色就逐渐加深，最后变成深褐色，所以看起来就像生锈了一样。

兰兰 那为什么放到盐水里就不"生锈"了呢?

爷爷 放到盐水里就隔绝了空气,这样苹果中的酚类化合物就不会和氧气接触,因此也就不会发生氧化"生锈"啦!

兰兰 可是削好的苹果放到盐水里会被泡成咸苹果呀。

爷爷 你也可以试试把它泡在糖水里。

你也试着做一做这个小·实验,并记录下你的实验结果吧!

50

除了吹灭蜡烛，
你还会怎样熄灭蜡烛？

　　今天是兰兰的生日，爸爸给她买了一个大蛋糕。吃晚饭的时候，大家在蛋糕上插上蜡烛，并点燃。关了灯，兰兰开始许愿、吹蜡烛啦！兰兰吸足了气，一口气把蜡烛全都吹灭了。爷爷看到兰兰吹灭了蜡烛，又想到一个小实验，就问兰兰："除了吹灭蜡烛，你还能怎样熄灭蜡烛呀？"兰兰摇摇头说不知道。爷爷说："吃完晚饭我就来教你两种方法。"

　　吃完晚饭，爷爷让兰兰拿来一个玻璃杯和一把剪刀。爷爷拿了两根蜡烛并将它们点燃，然后用玻璃杯盖住其中一根蜡烛，不一会儿，蜡烛就熄灭了。爷爷又用剪刀剪去另一根燃烧着的蜡烛的烛芯，另一根蜡烛一下子也熄灭了。

·提问小课堂·

🧑 **兰兰** 爷爷，为什么用玻璃杯盖住燃烧的蜡烛，它过一会儿就熄灭啦？

👴 **爷爷** 因为蜡烛燃烧时需要氧气，用玻璃杯把燃烧的蜡烛盖住，就把蜡烛和空气隔绝了，玻璃杯里的氧气消耗尽了，蜡烛就灭了。

🧑 **兰兰** 那为什么把蜡烛的烛芯剪掉，蜡烛也熄灭了呢？

👴 **爷爷** 因为这样就把可燃物与火源隔绝了呀！要注意剪烛芯的时候要贴着根部剪，不然是剪不灭的。

51

如何快速清除水垢？

兰兰想用烧水壶烧点儿热水喝，刚打开盖子，发现里面有一层白白的水垢。兰兰用清洁布刷了好长时间都没把水垢刷干净，气得直跺脚。爷爷看到后说："我来教你一个除水垢的小妙招吧！"

爷爷从厨房拿出一瓶白醋，往烧水壶里倒了大约100毫升，然后盖上盖子，左右摇晃旋转烧水壶，使水壶内的水垢都能接触到白醋。过了一会儿，爷爷让兰兰用清水冲洗烧水壶，兰兰发现水垢都轻松地脱落了，竟然不费吹灰之力！

·提问小课堂·

兰兰 爷爷，为什么水垢直接用水洗不掉，用白醋泡一下反而能这么快被除掉呀？

爷爷 因为水垢不溶于水，但是它能和醋酸发生反应，生成二氧化碳气体和能溶于水的物质，所以水垢用醋浸泡后再用水清洗就能很轻易地被冲洗掉了。

兰兰 那多泡一会儿是不是就更好洗啦？

爷爷 浸泡的时间不能太长，时间太长的话，醋就会和烧水壶内胆的铝或铁发生反应，这样会损坏烧水壶的！

52

为什么棉线烧不断？

这天，兰兰在电视上看到一个有趣的小实验：用浓盐水浸泡过的棉线竟然烧不断。兰兰不敢相信，就邀请爷爷来和她一起试验一下。

兰兰找了一根棉线，又接了半杯清水，然后又在清水中不断地加入食盐，一边加一边用筷子

搅拌，直到食盐不再溶解。兰兰把棉线放到刚配好的浓盐水里浸泡了一会儿，又把棉线捞出来放在桌子上晾干。爷爷用镊子提起棉线，用打火机去烧棉线。棉线从下端一直燃烧到上端，但烧过后的线灰仍像一根线一样没有被烧断。

·提问小课堂·

兰兰 爷爷，为什么棉线用浓盐水浸泡后，就烧不断啦？

爷爷 傻孩子，不是棉线烧不断，而是因为盐是不能燃烧的。浸过浓盐水的棉线在燃烧时，里面的棉线其实已经被烧尽了。但由于盐不能燃烧，所以包在棉线外面的一层盐壳就保留了下来，看起来就像是棉线没有被烧断一样。

生物实验

53 牙齿能听见声音吗？

　　兰兰期中考试考得很好，爷爷奖励兰兰，请她吃西餐。当服务员拿上刀叉时，爷爷又想到了一个实验，就让服务员拿了一把茶匙过来。爷爷问兰兰："想不想和爷爷一起做个实验？"兰兰说：

"好呀！"爷爷让兰兰用牙齿咬住叉子，然后用茶匙敲了一下叉子，问兰兰听到什么声音没有，兰兰一脸不可思议地看着爷爷。

·提问小课堂·

兰兰 爷爷，难道牙齿能听见声音吗？

爷爷 当然不能了。牙齿又没有耳朵，怎么可能听到声音呢？你听到的是头骨传来的声音，就像听到茶匙敲击叉子的声音一样，你还可以听到自己通过头骨传来的其他声音。

兰兰 那平时我们是怎么听到声音的呢？

爷爷 当然是通过我们的耳朵呀！我们之所以能听见声音，是因为声音在空气中引起振动，这种振动是通过鼓膜接收传给耳朵的。

54 为什么面包上用手触摸过的地方会长出霉菌呢？

　　清晨，兰兰和爷爷一起吃早饭。兰兰觉得妈妈买的切片面包很难吃，吃了两口就不想吃了。爷爷看到后说："既然不爱吃，不如我们拿切片面包做个实验吧！""好呀！"兰兰一听做实验肚子瞬间都不饿了。爷爷让兰兰用手在切片面包上

一周后……

按一下，然后把切片面包放进一个密封的容器中，要放置一周左右。

一周之后，兰兰和爷爷一起打开容器，发现兰兰用手摸过的地方长出了霉菌，这究竟是为什么呢？

提问小课堂

兰兰 爷爷，为什么用手触摸过的地方会长出霉菌呢？

爷爷 霉菌是一种微生物，可以分裂孢子进行繁殖。你可以把孢子理解为植物的种子，附着在手上的霉菌的孢子粘到面包上，面包就成为它的营养来源，因此就会长出霉菌。

兰兰 那霉菌喜欢什么样的环境呢？

爷爷 霉菌的孢子非常小，肉眼根本看不见，但是随处都有。霉菌喜欢温度在25~30℃之间、潮湿并且营养丰富的环境。除了食物，浴室的毛巾上也会长霉菌。霉菌不喜欢干燥、寒冷的地方。记住，空气也是霉菌生长必须具备的条件之一。

55

为什么蔬菜和水果的种子能发芽？

一天，爷爷买来彩椒、南瓜、玉米和苹果等蔬菜和水果。兰兰看到非常高兴，说："谢谢爷爷，都是我爱吃的！"爷爷说："别都吃光，它们可有大用处呢。"兰兰问："它们能用来干什么呢？"爷

爷拿着这些蔬菜和水果，让兰兰到阳台来。

爷爷先把这些蔬菜和水果里的种子挖出来，把种子放到滤茶网里，用水清洗干净。然后用水把种子泡一晚上，第二天，捞出那些沉到水底的种子，把它们撒在浇过水的园艺土上。爷爷嘱咐兰兰不要让土干了，要每天浇水，并放在温暖的地方进行培育。过了一段时间，兰兰发现，这些种子都长出了嫩芽。

·提问小课堂··

兰兰 爷爷，为什么这些种子能长出嫩芽呢？

爷爷 因为种子的内部包含形成根、茎、叶的部分以及种皮和养分，它们都在为发芽做准备。在这四种种子里面，除了玉米只有一片子叶，其余三种都有两片子叶。

兰兰 那什么是子叶呀？

爷爷 就是种子萌发时的营养器官。

56

为什么寒冷时人会起鸡皮疙瘩？

吃完早饭，爷爷送兰兰去上学。路上的人们都穿上了厚厚的衣服，有的戴上了皮手套、口罩，有的系上了围巾，还有的戴上了帽子，一个个都微微地缩着身子，匆匆地赶路。兰兰今天忘了围围巾，脖子就暴露在寒风中，一阵风吹过，兰

兰的鸡皮疙瘩都起来了，不由得缩了缩脖子，真冷呀！

·提问小课堂·

兰兰 爷爷，为什么寒冷的时候人会起鸡皮疙瘩呢？

爷爷 身上起鸡皮疙瘩是恒温动物为了保存一定体温而特有的生理现象。当大脑感知到寒冷、紧张、恐怖或兴奋时，相关的交感神经就会产生作用，牵动体毛的立毛肌收缩，从而导致鸡皮疙瘩的出现。我们从感受到外部环境变化到皮肤表面起鸡皮疙瘩，这个过程都是由自主神经系统控制的。

兰兰 那什么是自主神经系统呢？

爷爷 自主神经系统是脊椎动物的末梢神经系统，它做出的反应不受意志的支配。也就是说，我们的手受大脑控制，可以轻松地比画出剪刀手，但是我们却不能像玩石头剪刀布那样，轻松地让鸡皮疙瘩长出来。鸡皮疙瘩只有在特定环境中，才会不由自主地出现在我们的皮肤上。

57

为什么舌头
无法准确尝出味道?

　　一天，爷爷拿了一个眼罩，让兰兰戴上，说要和兰兰玩蒙眼挑战的游戏。爷爷说:"把眼睛蒙上，看看你的舌头能不能分辨各种口味。"兰兰乖巧地把眼罩戴上了。爷爷把事先准备好的饮料拿出来:柠檬汁、可乐、咖啡、盐水。爷爷用滴管

把四种饮料分别滴到兰兰的舌尖、舌中部和舌后部，结果兰兰一个都没有答对，这让兰兰怀疑起来："难道是我的味觉出问题了？"

·提问小课堂·

兰兰 爷爷，为什么我的舌头无法准确尝出味道呢?

爷爷 因为舌头上有很多味蕾，它们排列在舌头上不同的区域。舌头两侧的后半部分能辨别酸，舌尖能辨别甜，舌头两侧的前半部分能辨别咸，舌头的后部能辨别苦。

兰兰 那平时我们是如何辨别酸甜苦辣的呢?

爷爷 当你舌头的神经接收到来自味蕾细胞的信号时，它们会将这些信号传给更多的神经，然后再传播出来，将信息从嘴巴的后面传出，穿过你头骨的一个小洞，进入你的大脑。在那里，你的味觉中心会告诉你感觉到的味道。

58

怎么判断树的年龄？

今天，兰兰和爷爷去郊区游玩，他们要去参观一棵百年银杏树。远远望去，一棵高大无比的树从茫茫绿海中脱颖而出。茂密的树枝往外伸展，就像一把撑开的巨伞。兰兰离这棵树越近，受到的震撼就越大。这棵树起码有二十米高，树

干粗得需要五个人手拉手才围得住。兰兰不禁感叹道："这得经过多少年才能长成这么粗壮的大树啊！"

·提问小课堂·

兰兰 爷爷，怎么判断树的年龄呀？

爷爷 通过数树木的年轮可以判断树的年龄。年轮也叫生长层或生长轮，通常每年形成一轮，树木有多少年轮，就代表它生长了多少年。

兰兰 可是不砍树就没办法看年轮呀，怎样在不砍树的情况下判断出大树的年龄呢？

爷爷 最简单的办法是看树木的主干，一年生枝，两年生枝，三年生枝，由此来推断树木的大概年龄。还有一种方法就是利用年轮来判断树龄但不会伤害树木。现在有一种专用的钻具，可以从树皮钻入树心，从中取出一个薄片来，上面有树木全部的年轮，这样既不用砍掉树木，还能从中查出年轮来确定树木的具体年龄。

59

蚂蚁是如何
进行信息交流的？

一天傍晚，兰兰和爷爷在小区里散步，爷爷遇到了老熟人，就聊起天来，兰兰就蹲在一旁等爷爷。这时，兰兰突然看见有一大群蚂蚁正忙着搬食物，她发现原来蚂蚁也有带头的，它们很有秩序地爬行，忙个不停，相遇时，它们还要碰碰头，摆摆触须，互相打个招呼呢！

·提问小课堂·

兰兰 爷爷，蚂蚁是如何进行信息交流的呢？

爷爷 蚂蚁是靠气味来进行交流的，它们利用嗅觉来完成信息交流。蚂蚁的嗅觉感受器分布在它们的触角上，两根触角互相触碰一下就可以互相沟通。另外，蚂蚁还可以通过躯体的摆动来交流信息。你仔细观察一下，当一只蚂蚁发现食物时，它就会匆忙地回蚁巢通知它的小伙伴们，与另一只蚂蚁碰到一起时，就用两根触角互相触碰一下，刺激同伴去找食。这样一个传一个，便能使更多的同伴接收到信息出来找食。

60

为什么
乙烯能催熟香蕉?

　　兰兰家来客人了，兰兰自告奋勇去超市买水果。等兰兰买完回到家后，爷爷看着她买的香蕉却哈哈大笑起来。兰兰被笑得一头雾水，问："怎么了?"爷爷说："你怎么买了这么青这么硬的香蕉?还没有熟不能吃的。"兰兰着急起来："那怎么办啊?"爷爷说："我有办法!"

爷爷把盆里装满水，然后加入乙烯，用筷子搅拌均匀。然后把香蕉浸泡在水中一分钟，最后把浸泡后的香蕉用塑料袋包好，放到了阳台上。过了几天，兰兰发现之前又青又硬的香蕉已经变黄变软了。

·提问小课堂·

兰兰 爷爷，为什么乙烯能催熟香蕉呀？

爷爷 乙烯是一种植物激素，它可以调节植物的生长、发育和衰老，所有的果实在发育期间都会产生微量的乙烯。果实没有成熟的时候，乙烯含量很低；果实开始成熟的时候，乙烯含量会大幅度地增加。乙烯能增强水果中酶的活动性，改变酶的活动方向，从而缩短水果成熟的时间，达到催熟的目的，所以乙烯可以用作催熟剂，当然也就能催熟香蕉啦！

兰兰 那用乙烯催熟的香蕉会不会有毒呢？

爷爷 用乙烯催熟的食物是没有毒的，这是非常安全和科学的催熟办法，这种方法已经有很多年的历史了，所以可以放心食用。

61

为什么酵母菌 能使面团膨胀松软？

快过年了，爷爷开始忙着做馒头。兰兰看了不禁手痒起来，就自告奋勇地对爷爷说："让我和您一起做吧！"爷爷先教兰兰和面，爷爷取了适量的酵母粉加入面粉中，又倒入清水搅拌，然后把面粉揉成光滑的面团，最后用保鲜膜盖上，静

置两小时。爷爷说："当面团呈现蜂窝状时，说明面已经发好了。"

提问小课堂

兰兰 爷爷，为什么酵母菌能使面团膨胀松软呢？

爷爷 酵母菌是一种发酵素，它能吸收面团中的养分并生长繁殖，使面粉中的葡萄糖分解出二氧化碳。爷爷之前不是告诉过你，二氧化碳是一种气体吗？所以面团就会变得膨胀、松软，并会产生蜂窝状的组织结构。面团膨胀松软还有一个原因，就是在揉面时产生了足够的面筋，这些面筋能够包裹这些二氧化碳气体，防止气体外溢，从而保持住面团膨胀和松软的状态。有一点你要记住，酵母菌必须有水才能存活。

62

为什么狗的嗅觉那么灵敏?

　　兰兰过生日,爸爸送给兰兰一只宠物狗。兰兰看到电视里的警犬鼻子都很灵,总是能够追寻到罪犯的踪迹,而且还能帮助警察寻找毒品等,于是,兰兰就想测试一下自己的小狗鼻子灵不灵。兰兰把狗粮和小香肠放到了阳台的角落里,

并用花盆挡住，然后等待小狗自己找食。过了一会儿小狗就饿了，它跑来跑去寻找食物，最后跑到阳台上闻来闻去。它停留在花盆前，用它的前爪推开花盆，找到香肠和狗粮大口地吃了起来。

·提问小课堂·

🐰 **兰兰** 爷爷，为什么狗的嗅觉那么灵敏呀？

👴 **爷爷** 鼻子是狗最敏感的感知器官，因为它的鼻腔黏膜上长有许多嗅觉细胞。一只狗的鼻黏膜上至少有上亿个嗅觉细胞，大约是我们人类的30～40倍，它可以感受到几万到几百万种味道。另外，狗的大脑嗅觉区域处理气味分子信号的能力比人类强得多，所以狗的嗅觉特别灵敏。人类观察环境和获取信息主要靠的是眼睛，而狗靠的是鼻子。

63 怎么提取自己的 DNA？

暑假，兰兰和爷爷在客厅看电视。电视里正播放着用头发鉴定DNA的片段。兰兰完全被"DNA"这个字眼吸引了，就问爷爷："我们自己可以提取DNA吗？"爷爷摸着兰兰的头说："当然可以了，今天爷爷就教你怎么提取自己的DNA。"

爷爷让兰兰往玻璃杯里吐入唾液，然后放了几滴洗涤剂，又倒入一些果汁，撒入一点儿盐，摇晃均匀。最后，爷爷用吸管把预冷的酒精慢慢加入玻璃杯中。兰兰发现，爷爷在加入酒精的过程中，有一团黏稠物形成，爷爷说："这就是你的专属DNA，好好欣赏吧。"

·提问小课堂·

兰兰 爷爷，为什么您加入酒精之后，就有团状的黏稠物形成了呢？

爷爷 因为DNA不溶于酒精呀。

兰兰 这是什么原理呢？

爷爷 提取DNA时加入酒精，是利用了DNA不溶于酒精，但蛋白质等物质可以溶于酒精的原理，这样能使提取到的DNA纯度更高。酒精是最后一步才用的，这时的DNA纯度已经很高了，再用冷酒精将染色体上的蛋白质进一步溶解掉，剩下的DNA的纯度会进一步提高。

64 植物的茎有什么作用？

冬至到了，妈妈买了肉和芹菜，要给兰兰做芹菜水饺吃。看到妈妈买的芹菜，爷爷又想到一个有趣的实验，他对兰兰说："我们用妈妈买的芹菜做个生物实验吧。"兰兰说："好呀！"

爷爷让兰兰找来红色和蓝色的墨水，自己找来两个水杯、一壶水和两根筷子。爷爷往两个杯子里分别倒入大半杯清水，然后往其中的一个杯子中倒入红色的墨水，往另一个杯子中倒入蓝色的

墨水，并用筷子将其搅拌均匀。最后，爷爷往两个杯子里分别放入芹菜，让兰兰吃过午饭后来观察芹菜的变化。妈妈做的芹菜水饺特别好吃，兰兰吃完饭休息了一会儿，再来看芹菜时，发现在红色墨水中的芹菜变得隐隐有了红色，蓝色墨水中的芹菜则变得隐隐有了蓝色。

·提问小课堂·

兰兰 爷爷，为什么杯子中的芹菜变色了呢？

爷爷 这要归功于芹菜的茎啊！茎是植物的营养器官之一，具有支撑植物、运输水分和养料的作用。植物的茎能从下至上地将根吸收的水分和养料运输到植物的各个部分。杯中的芹菜会变色正是茎输导彩色水的原因。

兰兰 那植物的茎还有其他作用吗？

爷爷 当然有啊！首先，它具有贮藏作用，植物的茎能够储藏糖类等营养物质；其次，它还有繁殖作用，植物可以通过扦插、压条等方法进行繁殖。

65

为什么生土豆
的洞里充满了水？

兰兰想吃土豆丝了，妈妈就从超市里买了好多土豆，这些土豆又大又新鲜，爷爷看到妈妈买的土豆，对兰兰说："我们再用土豆做一个小实验吧！"兰兰疑问："还能用土豆做实验呀？爷爷快教我！"

爷爷挑了两个大土豆，把其中一个放在水里煮了几分钟。然后把两个土豆的顶部和底部都削去一片，又分别在两个土豆的顶部各挖一个洞，在每个洞里放了一些白糖。爷爷又让兰兰去拿两个盘子，并在两个盘子里都加一些水，最后把这两个土豆分别直立在有水的盘子里。过了几个小时，兰兰再来观察时发现，生土豆的洞里充满了水，而熟土豆的洞里依然是白糖颗粒。

·提问小课堂·

🐱 **兰兰** 爷爷，为什么生土豆的洞里充满了水，而熟土豆的洞里还是白糖颗粒呢？

👴 **爷爷** 因为生土豆的细胞是活的，它就像一个孔道，可以使水分子经过，盘子里的水能经过土豆的细胞渗入顶上的洞中。而煮过的土豆细胞已经被毁坏了，没有了渗透的作用，所以盘子里的水就不能渗到顶上的洞中啦！你再尝尝放生土豆的盘子里的水，有甜味吗？

兰兰 没有甜味呀！为什么生土豆顶部的糖水没渗透到盘子里呀？

爷爷 这主要是因为土豆的细胞膜就像筛子一样，只允许小于筛子孔的颗粒经过，大于筛子孔的颗粒就过不去了。白糖的分子比细胞膜的筛子孔大，因此白糖的分子便通不过细胞膜，所以盘子里的水就不会变甜了。

兰兰 爷爷，我明白啦！

爷爷 那你懂得了这个道理，以后给花草树木施肥的时候，就要记住千万不要用太浓的肥料水。否则，植物体里的水就会倒流到土壤里，导致植物打蔫甚至枯死。

　　你也试着做一做这个小实验，并记录下你的实验结果吧！

66

塑料袋里
为什么会有小水滴？

　　兰兰想买个盆栽，于是周日爷爷带她去了花鸟市场，让她自己挑一盆。花鸟市场里有好多花花草草，兰兰都看花了眼，不知道要买哪种。突然，一盆生机勃勃的绿萝映入她的眼帘，她一下

子就被那种清新有生命力的绿色吸引了，便毫不犹豫地买了一盆绿萝。回到家，兰兰就把绿萝盆里的土壤浇得很透，希望它生长得更旺盛。爷爷看到之后问兰兰："你猜，我们用塑料袋把绿萝的上面部分套住，塑料袋里会出现什么现象？"兰兰摇摇头说："不知道，我们来试试吧！"

爷爷找了一个透明的大塑料袋和一根细线，用塑料袋套住绿萝裸露在土以上的部分，并用细线将袋口扎紧，最后把花盆搬到了阳光下。过了一会儿，塑料袋内壁上竟然出现了许多小水滴，兰兰看着这些小水滴疑惑不解。

提问小课堂

兰兰 爷爷，为什么塑料袋里会有这么多小水滴呀？是不是咱们没有把袋口扎紧，土里的水分进去啦？

爷爷 不是，这是因为植物的蒸腾作用。

兰兰 那什么是蒸腾作用呢？

爷爷 植物的叶子表皮有许多气孔，它们会将植物体内的水分蒸发到空中，植物的枝条也会蒸发大量水分，我们就称这个过程为蒸腾作用。它可以促使植物的根部吸收水分，促进水分和养料向植物体内的各个部分进行输送。

你也试着做一做这个小·实验，并记录下你的实验结果吧！

67

为什么蛋壳
会被染成茶色?

兰兰在网上看到一个实验"如何让鸡蛋壳变色",兰兰也迫不及待想在爷爷的帮助下完成这个实验。兰兰用白色蜡笔在生鸡蛋上写上了"兰兰"二字。爷爷把兰兰写好字的鸡蛋放入浓浓的红茶

里煮了一小时。等兰兰再把鸡蛋拿出来的时候，蛋壳真的就变成茶色了，蛋壳上用白色蜡笔写的"兰兰"二字也很清楚地显现出来。

提问小课堂

兰兰 爷爷，为什么蛋壳会被染成茶色呀？

爷爷 因为蛋壳表面有很多气孔，它是空气进出的通道，红茶的色素进入气孔，就把蛋壳染成了茶色。

兰兰 那白色蜡笔写的字又为什么能显现出来呢？

爷爷 因为被蜡笔涂过的地方气孔被堵住了，红茶的色素无法进入，所以不会被染上颜色，白色的字自然就在茶色的衬托下显现出来了。

68

为什么鸡蛋会"冒汗"?

兰兰做完鸡蛋被茶水染成茶色的实验后,问爷爷还能用鸡蛋做什么有趣的实验。爷爷说:"今天教你一个让鸡蛋'冒汗'的实验。"兰兰心想:鸡蛋怎么可能会"冒汗"呢?

爷爷找了一个干净的注射器,又让兰兰拿来一个鸡蛋。把鸡蛋洗干净后,爷爷用注射器的针

头在鸡蛋的一端扎了一个小眼，然后用注射器把鸡蛋里的蛋清和蛋黄都抽出来。爷爷又让兰兰去书房拿来一瓶红墨水，用注射器往蛋壳里注入红墨水。最后用空注射器从小眼处往鸡蛋里打进空气，这时兰兰发现，蛋壳上有很多红色的小水珠，就像真的冒汗一样，有趣极了。

·提问小课堂·

兰兰 爷爷，这也太神奇啦！鸡蛋竟然真的会"冒汗"，这是为什么呀？您快给我讲讲吧！

爷爷 其实这和鸡蛋被染成茶色的原理是一样的。因为蛋壳表面有很多气孔，所以用注射器注射空气时，较大的压力就将鸡蛋中的红墨水从气孔中挤出来，形成了鸡蛋"冒汗"的现象。还有鸡蛋孵化成小鸡时，壳内的小鸡进行呼吸需要的空气，就是从这些气孔中进出的。